奥黛丽·赫本

致比尔·赫斯（Bill Hess），我的父亲

就像奥黛丽一样
你最大的天赋是
你给别人的感觉

奥黛丽·赫本

爱与优雅的手绘世界

[澳]梅根·赫斯 © 著

赵亚杰　邓丽元 © 译

Megan Hess

中国纺织出版社有限公司

目录

引言

　　奥黛丽·赫本（Audrey Hepburn）凭借她出众的外表、天赋型的表演和自然优雅的魅力，在银幕内外都备受瞩目。她还是一位超脱的时尚偶像，拥有异于传统审美的简约知性的风格，定义了经典。

　　在电影行业的黄金时代，好莱坞星光熠熠，奥黛丽是一个独特而迷人的存在。她是几十年来最受欢迎的演员之一，出演了一些有史以来最经典的电影，并获得了大量奖项，是票房成功的保障。

　　奥黛丽是传奇摄影师理查德·阿维顿（Richard Avedon）和塞西尔·比顿（Cecil Beaton）的缪斯女神，也是Vogue和《时尚芭莎》（Harper's Bazaar）封面拍摄的常客，她也一直与高级时装界联系在一起，尤其是她与职业生涯中的挚友兼高级时装大师休伯特·德·纪梵希（Hubert de Givenchy）间的友谊。在电影《蒂芙尼的早餐》（Breakfast at Tiffany's）的开场镜头中，在清晨空无一人的第五大道上，身穿黑色礼服的霍莉·戈莱特利（Holly Golightly）从出租车上走

下，凝视着蒂芙尼的橱窗，这是这部电影最动人、最著名的经典画面之一。奥黛丽与纪梵希的合作使其在银幕上展现了众多令人难忘的造型。

　　但这位20世纪50年代好莱坞的宠儿不仅是一位外表迷人的电影明星。奥黛丽的童年经历了战乱，她花了多年的时间训练于成为一名舞者，这培养了她坚强、自律、包容和善良的人格素养。她把自己的晚年奉献出，为他人服务，既是一位抚养两个儿子的尽职尽责的母亲，也是联合国儿童基金会亲善大使。

　　奥黛丽无疑是有史以来最知名的女性之一，她为我们的银幕增光添彩，同时她也给银幕外的世界留下了持久深刻的印象。她松弛的风格和无与伦比的性格让她成为当之无愧的"时尚偶像"。

成长背景

奥黛丽·赫本凭借其不可思议的明星魅力和令人瞩目的独特风格，在20世纪50年代和60年代成为好莱坞最佳女主角，是电影行业黄金时代的缩影，但她人生的起点远离好莱坞的光芒。

奥黛丽出生于布鲁塞尔，父亲是英国人，母亲是荷兰人。她的童年在比利时、英国和荷兰间辗转居住。在她成年之前，会说六种语言，是一个真正的世界公民。她在战争中幸存下来，但是严重营养不良，同时目睹了战争时期人类经历的磨难。

奥黛丽深深着迷并长久迷恋的事情是芭蕾，将芭蕾作为终身职业是她的梦想，她也努力实现了这一梦想，但她注定要点亮银幕。在她22岁时，偶然参加了以法国里维埃拉小镇为背景的小电影的拍摄，这次经历改变了她的人生，她从此一举成名。

奥黛丽·赫本原名为奥黛丽·凯瑟琳·鲁斯顿（Audrey Kathleen Ruston），1929年5月4日出生于布鲁塞尔。她有两个同父异母的兄弟和复杂的家庭人员构成。她的母亲艾拉·凡·赫姆斯特拉（Ella Van Heemstra）男爵夫人来自荷兰贵族家庭，她的父亲约瑟夫·鲁斯顿（Joseph Ruston）是出生于奥匈帝国的英国籍公民。

奥黛丽年轻时为自己取了"赫本"这个名字，这也得到了她父亲远房亲戚的同意。

奥黛丽早年在欧洲许多地方生活过。她曾与父母和兄弟在比利时和荷兰短暂生活过，后来，年仅六岁的她就被送到英国乡村的一所私立寄宿学校里学习。

小时候的奥黛丽是一个腼腆害羞，看起来有些不合群的孩子，比起与同龄人相处，她更喜欢书和动物的陪伴。后来，她把自己小时候的这段经历描述为"独立的一课"。

大约在这个时期，父亲约瑟夫突然离开了这个家庭。
奥黛丽非常崇拜她的父亲，父亲的离去让她备感难过。

尽管父亲离家出走，生活发生巨变，但奥黛丽在寄宿学校的时光过得还是很开心的，这有一个关键原因：她开始跟随一位来自伦敦的芭蕾舞大师学习舞蹈，她被芭蕾深深吸引，这位舞蹈家每周会去肯特郡的学校教一次课。

这是一生热爱的开始。

对我而言，我唯一感兴趣的是那些由心而发的事（人）。

FOR ME THE
only things of
INTEREST ARE
those linked to
THE HEART.

不久后，奥黛丽再次搬家。

1939年9月，英国向德国宣战，第二次世界大战爆发，母亲艾拉希望奥黛丽随她回到荷兰，认为那里更安全。

于是他们搬到了艾拉家族在荷兰阿纳姆拥有的一个庞大的庄园里生活。

在这里，奥黛丽以艾拉·范·海姆斯特拉（Edda Van Heemstra）的名字重新入学，她开始用荷兰语学习所有课程，并且不在公共场合说英语，这样可以避免德国人对她的英国国籍产生怀疑，避免麻烦。

NETHERLANDS

HOLLAND

他们在阿纳姆度过了一段舒适的时光。奥黛丽继续她的芭蕾舞训练，很快就在学校树立了一个坚定而有天赋的好学生形象。

1940年5月，萨德勒斯威尔斯芭蕾舞团（The Sadler's Wells Ballet，现已改名为英国皇家芭蕾舞团）在欧洲巡演，奥黛丽得到了他们在阿纳姆演出的门票。为此，母亲艾拉花了大价钱为奥黛丽做了一件塔夫绸长裙。演出结束后，奥黛丽被邀请上台，并为舞者们献上了郁金香和玫瑰。

然而，这个小镇多年来的自由平静即将被打破。

1940 年，荷兰被入侵，纳粹迅速接管了政权，在随后的几个月里，奥黛丽一家的大量物资被掠夺，开始在严格的被占领时期下生活。

1944 年，德国士兵封锁了食物和燃料的供应路线，人们开始了颠沛流离的生活。

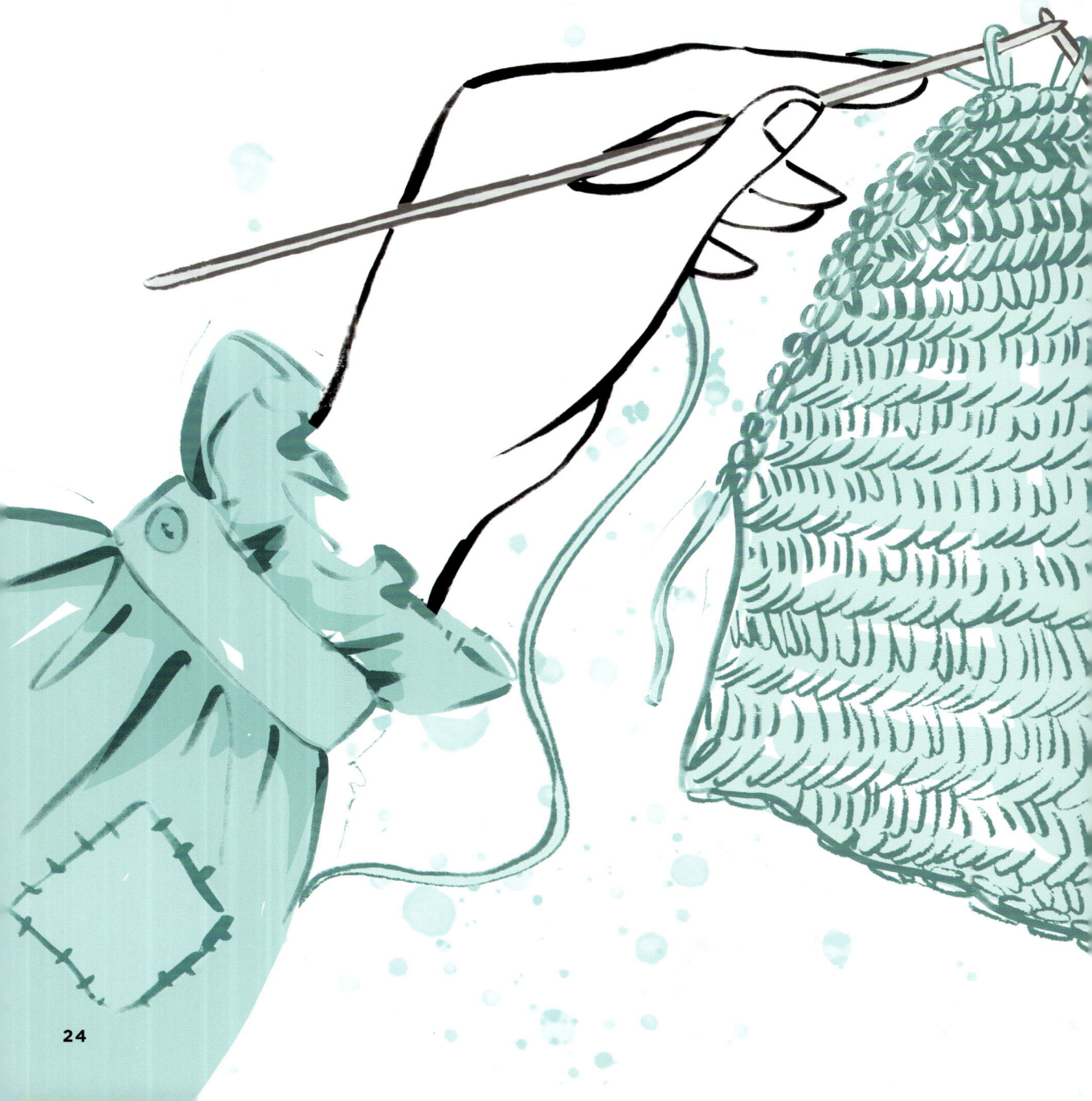

尽管现实条件越来越恶劣，奥黛丽
依然热爱芭蕾。

为了分散自己对日益严峻的食物短缺和战争
的注意力，她开始给年轻的学生上舞蹈课。

随着芭蕾舞服越来越难买，奥黛丽开始
穿着用毛毡缝制的临时鞋跳舞，但这样的鞋
几乎撑不过一场演出，她的母亲把旧羊毛衫
拆开并织成紧身衣，当作演出服。

"

虽然经历过战争，
但梦想依旧闪亮。
我想成为一名
舞蹈家。

"

THERE WAS A WAR,
but your dreams
FOR YOURSELF
go on.
I WANTED
to be a dancer.

为了帮荷兰抵抗组织筹集资金，奥黛丽还参加了秘密芭蕾表演。这些仅限受邀者才能参加的活动在厚重的遮光窗帘遮挡下举行，所有入口都有人放哨 用来警戒随时可能出现的德国士兵。

在这样的情况下，观众只能静静欣赏，不能鼓掌喝彩，在黑暗中一边微笑欣赏，一边将筹集资金的帽子传来传去。奥黛丽后来形容他们是"一生中见过的最棒的观众"。

在被占领时期，成年人的活动都被密切地监视着，奥黛丽因为年龄不大，所以相对自由，她时常帮助抵抗组织传递情报。她曾经把一份小小的地下抵抗报纸塞藏进自己的羊毛袜子里，以便在不被发现的情况下骑着自行车穿过小镇。

在战争结束前的最后几天，她冒着生命危险警告一名躲在树林里的英国伞兵，如果他继续留在原地，很可能会被抓获。

之后的某一天，她撞见德国士兵时正准备从树林离开回家，边走边采摘野花，尽管事发突然，她依旧保持冷静。奥黛丽机智地递上了手中的野花作为掩护，之后快跑回家，告诉那个英国伞兵，他当晚可以在那个秘密的地方安全待着。

联合国救济

巧克力
巧克力
巧克力
巧克力
巧克力

32

到了1945年荷兰解放的时候，16岁的奥黛丽已经严重营养不良，身体十分虚弱，她也目睹了战争的残酷，后来她称自己深刻体会到了"源自人类的冷酷"。

联合国善后救济总署（United Nations Relief and Rehabilitation Administration）来实施援助的那天，一名联合国工作人员给了奥黛丽七条巧克力棒，她把它们一口气都吃光了。

巧克力
巧克力
巧克力

这之后她很快就生病了，但她坚称那一刻令她成为狂热的甜食爱好者。

救济援助行动的真正奇迹是，一箱箱物资——食物、毯子、药品和衣服，堆满了学校和礼堂，随时可以分发给需要的人。

多年来，奥黛丽几乎一无所有，这次影响力巨大的慈善经历，给她带来的影响将永远伴随着她。

66

我深信，越是困境越使我坚强。

99

I BELIEVE IN
being strong when
EVERYTHING
seems to be
GOING WRONG.

随着对战争恐惧的消退，奥黛丽和她的母亲在阿纳姆和阿姆斯特丹找了些零工，两人依靠劳动收入养活自己。

她的母亲开过花店，当过酒店接待和保姆，而奥黛丽当过秘书、模特和演员。

她们还到医院当志愿者，为在战争中受伤的士兵提供帮助。

但奥黛丽并没有放弃她的
"芭蕾梦"。

她和母亲搬到了英国，奥黛丽在那里获得了兰伯特芭蕾舞团的奖学金。

奥黛丽对自己的芭蕾生涯充满希望，并努力训练去弥补失去的时间。

然而，她很快就清楚地认识到，她不仅错过了那几年最重要的训练时间，还因长期营养不良而身体虚弱，并且身高170cm的她被认为太高了，不适合跳舞。

当她的教练兼导师兰伯特夫人告诉她，她永远不会成为职业芭蕾舞演员时，这对如此强烈、执着地热爱着芭蕾舞的她来说无疑是一个毁灭性的打击。

但舞台事业仍在召唤吸引着她，奥黛丽继续去试演音乐剧和小电影中的角色，同时为商业摄影师做模特来赚取日常开销。

驱使她去做任何她能够得到的普通工作的动力，并不是任何浪漫的明星光环，而是物质的匮乏。

1948 年，她作为一名合唱舞者在伦敦西区百老汇的舞台音乐剧《高跟鞋》（*High Button Shoes*）中正式登台亮相。虽然音乐剧中表演的舞蹈并非她最喜欢的古典芭蕾舞，佀她需要这份工作。

尽管她自认为缺乏爵士乐舞蹈技巧，并且这是一个小角色，但舞台上的她散发出一种难以抑制的光芒，她热爱剧院演出。

她还在舞台下形成了自己的标志性风格。《高跟鞋》的领舞演员评论奥黛丽"有一条裙子、一件衬衫、一双鞋子和一顶贝雷帽"。

"但她有十四条围巾。"

"你永远想不到她每周会如何搭配它们。"

"
当我戴着柔软丝巾的时候，我从来没有

WHEN I WEAR

a silk scarf

I NEVER FEEL

感觉到自己是一个
魅力四射的女性。

"

so definitely like
A WOMAN,
a beautiful woman.

"芭蕾梦"并没有彻底破灭。奥黛丽在一部英国电影中出演了她人生的第一个重要角色，她从数以千计的人选中脱颖而出，在电影《双姝艳》（Secret People）中扮演芭蕾舞演员诺拉·布伦塔诺（Nora Brentano）。

虽然奥黛丽很高兴自己能继续跳舞，但她对自己的表演能力还没有信心，她很大程度上依赖联合出演演员的指导和鼓励来完成拍摄。

蒙特卡洛
沙滩俱乐部

1951年，奥黛丽在法国里维埃拉拍摄下一部电影《蒙特卡洛宝贝》（*Monte Carlo Baby*）时，引起了法国著名作家科莱特（Colette）的注意。

当时，改编自科莱特小说《金粉世界》(Gigi) 的百老汇舞台剧已经开始选角了，但制片人正为找不到合适的女主角而发愁。

科莱特在准备从海滨回酒店的路上，刚好穿过拍摄现场，她看到了拍摄间隙在片场的另一侧独自闲逛的奥黛丽。

即使对她一无所知，科莱特也立刻被她迷住，她惊叫道："这就是我的琪琪！"

Monte Car

Take 10

Scene

就这样，奥黛丽踏_了通往
百老汇的道路。

故事始于这个难以想象的开端，这颗新星在横渡大西洋后迅速崛起。

当奥黛丽为了琪琪这个角色来到纽约时，她还是一个无名之辈。音乐剧的排练非常辛苦，没有人可以保证科莱特的选择是正确的，甚至演员本人也有此顾虑。

但是对预告片的评论如潮水般涌来，到了正式开幕之夜，送来的花束多到让奥黛丽几乎无法进入她的化妆间。

在第一周演出结束之前，她就已经成为全镇讨论的话题，她的名字也出现在聚光灯下。

百老汇的观众都很喜欢她，不久之后，好莱坞也向她发来了邀请。

"

没有什么是不可能的，
我有无限可能。

"

NOTHING
is impossible.
THE WORD ITSELF
says "I'm possible".

2

职业生涯

在与派拉蒙影业签约的几年内，奥黛丽跻身世界顶级明星之流。在接下来的二十年里，她几乎一直在工作，在1951—1967年拍摄了22部电影，其中包括《罗马假日》（*Roman Holida*）《甜姐儿》（*Funny Face*）和《蒂芙尼的早餐》等传奇电影，并获得了数项荣誉。

　　奥黛丽还巩固了自己作为有史以来"最伟大的时尚缪斯"之一的地位，并与设计师于贝尔·德·纪梵希建立了终身友谊。她与传奇摄影师一起拍摄，并以一己之力向习惯了当时好莱坞爆炸式场面的观众介绍了一种新的精致风格标准。奥黛丽的体态和举止让她成为理想的时装模特，而她作为模特的工作也对她作为演员的成功作出了重大贡献。她与纪梵希的创造性合作伙伴关系也为延续至今的"演员—设计师"关系模式开创了先河。

　　随着她的名声越来越大，获得的奖项也越来越多，但她对自己的戏剧天赋仍没有信心，并渴望离开演艺圈，过上平静的生活。奥黛丽追求爱情和幸福，而非成功和名望，甚至在她事业的巅峰时期，她也努力保持自己独特的性格和价值观。

奥黛丽的突破性电影角色，是她在浪漫爱情喜剧《罗马假日》中的角色，这部电影讲述了一位叛逆公主在意大利首都街头发生的浪漫故事。

为了拍摄这部电影，奥黛丽回到了欧洲，住在位于西班牙阶梯（位于罗马的一座户外阶梯）顶端的豪华酒店哈斯勒。

闻讯而来的人群在城市的标志性地点观看她和男主角格里高利·派克（Gregory Peck）的表演，这让拍摄的每一天变得充满挑战且漫长，但她热爱那时的每一分钟。

派克是当时电影界最耀眼的明星，但当这部电影上映并成功取得了巨大的票房后，几乎所有人都在谈论奥黛丽。

正是在《罗马假日》的拍摄过程
中，奥黛丽第一次与传奇服装设计师
伊迪丝·海德（Edith Head）合作。
在他们第一次见面时，当时默默无闻
的奥黛丽穿着一套只有衣领和袖口是
白色的深色西装，来到了经验丰富的
设计师的酒店房间。一枝白色铃兰花
插在她的纽扣孔里，搭配一双白色的
手套使她看起来更加完美。

伊迪丝说："这是一个走在时尚
前沿的女孩，她特意让自己看起来
和其他女性不同。"

伊迪丝后来告诉记者，除了玛
琳·黛德丽（Marlene Dietrich），
也许奥黛丽比她合作过的任何其他
女演员都更了解时尚。

尽管奥黛丽当时是新人，但她对自己在《罗马假日》中穿着的服装有着强烈的个人想法。

她礼貌地拒绝了任何不符合她想法和不喜欢的衣服，并对伊迪丝的设计进行了大刀阔斧的修改，坚持采用更简单的领口设计，搭配更宽的腰带和平底的鞋子。

在电影里，奥黛丽饰演的安公主穿着宽大的裙子，搭配纯白色的衬衫，袖子挽起，脖子上轻轻地系着围巾，与男主角两人骑着一辆Vespa摩托车疾驰而过。这一形象成为一种文化试金石。

"

服装带给我
很大的自信。

"

CLOTHES
always give me a
GREAT DEAL
of self-confidence.

在《罗马假日》拍摄结束之后，奥黛丽回到了剧院，在那里她和梅尔·费勒（Mel Ferrer）一起出演了舞台剧《美人鱼》（Ondine）。

她和费勒是在由格里高利·派克在伦敦举办的一次聚会上结识的，两人的爱情于那时开始萌芽。《美人鱼》也是他们合作的第一部作品。

这部剧讲述了一个水精灵爱上一位骑士的故事，又是一部大爆剧，它的成功完全归功于奥黛丽在舞台上的出色表现。

她凭借自己的表演赢得了戏剧界的"托尼（Tony）奖"。

奥黛丽还凭借《罗马假日》获得了一系列奖项，包括金球奖（Golden Globe）、英国电影和电视艺术学院奖（BAFTA）和奥斯卡奖（Oscar）等，她穿着法国年轻设计师休伯特·德·纪梵希设计的白色碎花礼服包揽了这些奖项。

同年年底，她还登上了《时代周刊》的杂志封面。

在如此短暂的时间内便俘获了人们的心，她曾担心自己是否能够不辜负所有的赞誉。她还把自己早期获得的奖励比作小时候得到的东西，而她在这个过程中必须成长。

但她做到了，她确实有所成长。

她拍摄的下一部大电影是1954年的《龙凤配》(Sabrina)，一如既往的，几乎所有的观众都深深为她着迷。

正是在《龙凤配》的制作前期，她遇见了她最重要的合作伙伴。

伊迪丝·海德再次负责了这部电影的服装设计。奥黛丽饰演的角色是一名普通专职司机的女儿，后来摇身一变成了巴黎上流社会的干练精英。这位著名设计师只需要负责奥黛丽前半场的服装，工作室允许奥黛丽自己为后半段的角色出场挑选优雅别致的晚礼服。

此前，奥黛丽刚花了一大笔拍摄《罗马假日》得到的薪酬买了一件纪梵希的外套，她直接来到巴黎这家初出茅庐的设计师工作室，询问他是否愿意为这部电影设计定制服装。

　　这时《罗马假日》还没有上映，所以奥黛丽相对来说还是不太出名的。纪梵希本期待见到据传闻所言的更著名的凯瑟琳·赫本（Katharine Hepburn），当他看到走进来的是奥黛丽　赫本时，纪梵希很失望。

　　但后来据纪梵希称：他被奥黛丽"美丽的眼睛、短短的头发、浓密的眉毛、非常细的裤子、芭蕾舞鞋和一件紧身T恤"的形象所吸引。

GIVENCH

G

虽说如此，纪梵希还是拒绝了她的提议，并告诉她："不行小姐，我无法为你设计服装。"

但奥黛丽没有放弃。她改变方法，从样品架上挑选了一系列服装，并邀请纪梵希共进晚餐。

那天晚餐结束后，她不仅为《龙凤配》赢得了"奥斯卡最佳服装设计奖"，还结交了一位终生的挚友。

奥黛丽把两人相识
的这一刻描述为"时尚进
入她生活的时刻"。

66

纪梵希设计的衣服是唯一令我能感受到自我的衣服。

GIVENCHY'S
clothes are the
ONLY ONES I FEEL
myself in.

他不仅是一个设计师，还是个性的创造者。

"

HE IS MORE
than a designer,
HE IS A CREATOR
of personality.

电影《龙凤配》上映后,《银幕》（Silver Screen）杂志盛赞奥黛丽拥有精致的外表，称她"正在改变好莱坞的审美"。

这部电影的法国首映式安排在时装周中纪梵希春夏系列时装秀后的第二天，奥黛丽很开心能有这次机会，让她能再次穿上为角色定制的服装进行宣传。

服装在两侧肩膀处用蝴蝶结造型将一字型领口束起的船型领设计，也因为这部电影被称为"萨布里纳（式）领口"（sabrina neckline）。

在玛丽莲·梦露（Marilyn Monroe）和伊丽莎白·泰勒（Elizabeth Taylor）等巨星云集的时代，奥黛丽凭借着自己对精致简约风格的热爱脱颖而出。

她坚持拒绝穿戴垫肩或胸垫，
这点十分具有革命性。

她一直对自己的身高非常在意，
而她对平底鞋的坚持同样掀起了当
时的潮流。

时尚界也开始注意到这一点。

设计师、时尚编辑和摄影师都着迷于奥黛丽精致的身体线条、舞蹈家般的优雅体态和对前卫风格的独到眼光，很快她就成了 *Vogue* 和《时尚芭莎》拍摄的常客。

当《甜姐儿》这部关于一位时尚编辑为了寻找下一个流行趋势而展开的故事的歌舞剧电影开始选角时，奥黛丽显然是出演剧中特立独行的模特乔·斯托克顿（Jo Stockton）的最佳人选。

同样，电影中的角色服装由伊迪丝·海德负责缝制，但这次奥黛丽坚持让纪梵希来设计她所有的服装。

结果这部电影成为时尚史上最重要的电影之一。从乔穿着黑色高领毛衣和烟管裤跳舞的场景，到她穿着纪梵希的露肩礼服走在卢浮宫的台阶上的场景，每一个出场的造型都比上一个造型更令人难忘。

这个角色对奥黛丽来说意义重大，因为这让她有机会在巴黎街头与儿时的偶像弗雷德·阿斯泰尔（Fred Astaire）共舞。

阿斯泰尔饰演的角色迪克·艾弗里〔Dick Avery〕大致以理查德·阿维顿为原型，他是当时最有影响力的摄影师之一，他凭借拍摄克里斯汀·迪奥（Christian Dior）革命性的"新风貌"（New Look）风格设计，为他的职业生涯奠定了基础。

阿维顿在电影的拍摄过程中担任了顾问，正所谓"艺术来源于生活"，奥黛丽也已经是他现实生活中的缪斯了。

1956年4月发行的《时尚芭莎》封面是她第一次与他合作拍摄，在她之后的整个职业生涯中，两人也经常合作。

他们最重要的一次合作是1959年
为《时尚芭莎》拍摄的一组长达20页的
时尚大片"丽人行"（Pars Pursuit）。

奥黛丽曾经说过，和阿维顿一起工
作的过程就像和一个好朋友聊天一样。

阿维顿也同样激动地说："无论现在
还是将来，奥黛丽·赫本站在我的镜头前，
就像赐予我的礼物，我永远会为之震惊，
我无法把她提升到更高的高度。"

"

我从不认为自己是一个偶像。我只是做好我该做的。

"

I NEVER THINK
of myself as an icon.
I JUST DO MY THING.

拍摄工作还在继续，奥黛丽在《修女传》(A Nun's Story)中扮演了职业生涯中开创性的角色，她因此获得了另一项奥斯卡提名，并在史诗级改编电影《战争与和平》(War and Peace)中饰演娜塔莎(Natasha)，为了拍摄这部电影，她回到了罗马。

奥黛丽喜欢在意大利首都罗马消磨时光，当地人也欢迎她，把她当作自己的一员。不工作的时候，她经常独自回到哈斯勒酒店，媒体狗仔队总能拍到她在街上散步的照片，尽管如此，她任何时候的穿着也无可挑剔。

但生活并非总是一帆风顺的。

1954 年，奥黛丽与梅尔·费勒结为夫妻，他们在瑞士举办了典礼。尽管这对夫妇一直在一起，并且经常为同样的项目工作，但最终这个家庭没能一直存续下去。

在这期间，奥黛丽曾两次流产，其中一次发生在拍摄 1960 年西部片《不可饶恕》(The Unforgiven) 时，她从马背上摔下来并且摔伤了背之后。

作为好莱坞制片体系的一员，她必须持续履行合同义务，曾多次因工作繁重而筋疲力尽，极度疲惫。

在这些心情低落的时期，游览欧洲的群山对她来说是一种巨大的慰藉，她经常为了躲避狂热的崇拜者而来到瑞士，以求片刻安宁。

奥黛丽期盼已久的第一个孩子肖恩（Sean）出生于1960年，他在受洗时穿着纪梵希设计的礼服。

她曾想全身心投入家庭生活中，但在1961年，她饰演了她职业生涯中最令人难忘的角色，并大放异彩。

"

我相信，每天你应该至少有一个美妙精致的时刻。

"

I BELIEVE,
every day, you
SHOULD HAVE
at least one
EXQUISITE
moment.

奥黛丽饰演的霍莉·戈莱特利在影迷心中留下了不可磨灭的印象，令人意想不到的是，关于这个角色的选角，在当时却备受争议。

《蒂芙尼早餐》的作者杜鲁门·卡波特（Truman Capote）认为，她的形象太清纯文雅了，不能扮演剧中虚荣的"交际花"，而他心中属意的女主角是玛丽莲·梦露。

令人高兴的是，导演布莱克·爱德华兹（Blake Edwards）坚定地选择了奥黛丽，于是她再次与纪梵希和伊迪丝·海德合作，将她演员生涯中最经典的角色之一搬上了银幕。

Fifth Ave

ONE WAY

ONE

WALK

纪梵希为角色霍莉·戈莱特利设计的两件黑色连衣裙至今仍在时尚界和电影界被当作不可撼动的经典，并被反复借鉴：一件是电影开场时穿的紧身长连衣裙，另一件是下摆有褶边的短款小黑裙。

甚至在由伊迪丝·海德设计的霍莉本应外表凌乱的场景中，奥黛丽也装扮得很时尚：她穿着男式衬衫，戴着绸缎质感的眼罩，耳朵上挂着流苏耳塞，只有她能将这些穿得优雅精致。

这部电影获得了评论界和商业界的高度赞扬，奥黛丽再次获得奥斯卡提名。

即使在今天，她身着黑色纪梵希长裙，面戴大太阳镜，发髻盘起，手持长柄烟杆的形象，仍然是风靡纽约的时尚掠影。

"

生活就是一场派对。

"

LIFE IS A PARTY.
Dress for it.

1964 年上映的电影《窈窕淑女》(My Fair Lady) 中的主人公是奥黛丽另一个令人难忘的角色之一，因服装设计师塞西尔·比顿 (Cecil Beaton) 为她设计的蕾丝阿斯科特礼服 (Ascot Dress) 而被永远铭记。

　　比顿还是 Vogue 杂志一位出色的肖像摄影师，在电影拍摄期间，她专门用两天的时间拍摄奥黛丽饰演的伊莉莎·杜利特尔 (Eliza Doolittle)，共拍摄了 350 多张照片，记录了许多动人的场景。

　　和理查德·阿维顿一样，比顿也喜欢与奥黛丽合作，她认为奥黛丽在镜头前的优雅姿态很大程度上获益于之前的舞蹈生涯，她在镜头前有"令人心碎的超世之感"。

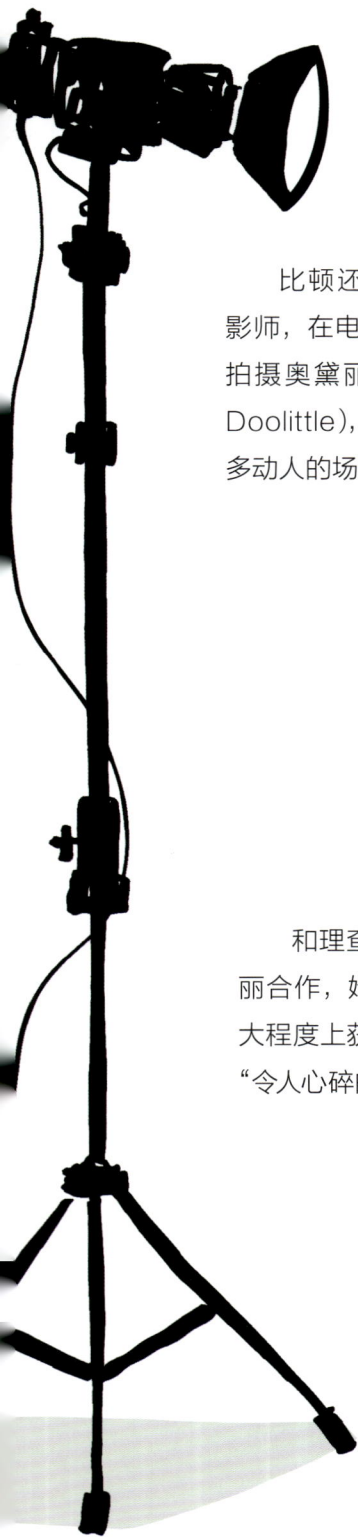

这部电影本身具有一定热度，有影迷们钟爱的朱莉·安德鲁斯（Jul e Andrews）在前，她曾在百老汇音乐剧中饰演伊莉莎·杜利特尔，同样饰演伊莉莎·杜利特尔的奥黛丽也必须证明自己的价值。

制片人答应她将在电影中使用她自己的歌声，她很重视也为之努力练习了很久，然而奥黛丽最后发现自己将被配音，影片不使用她的原声。

这对她而言是一个沉重的打击。

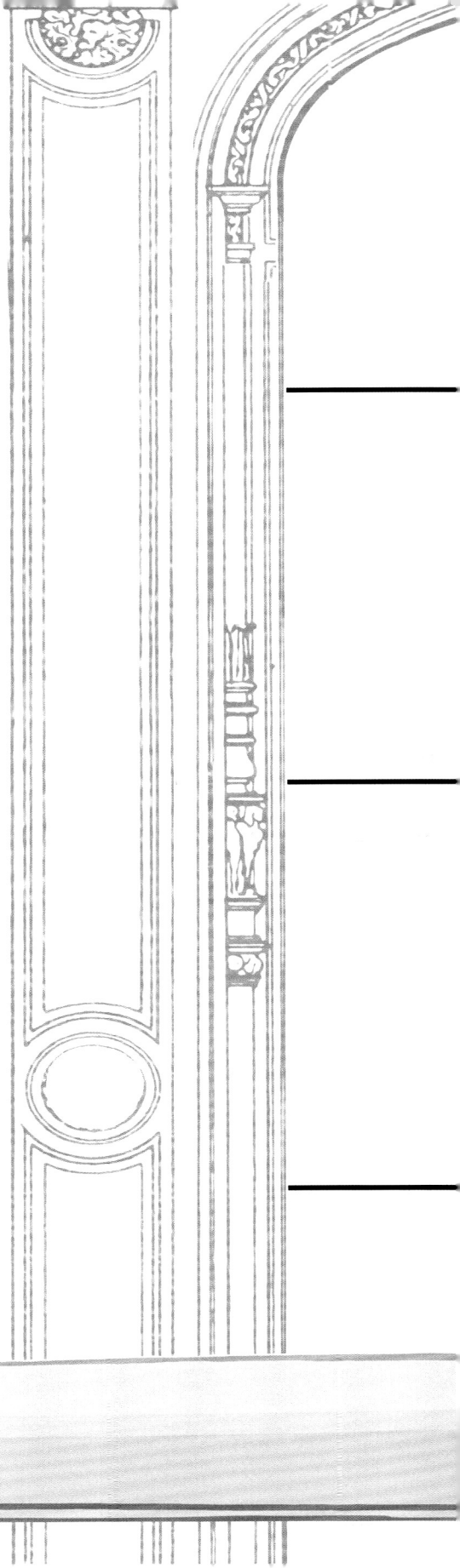

1968 年，奥黛丽凭借与加里·格兰特（Cary Grant）合作的电影《谜中谜》（Charade）中的角色，获得了金球奖提名。但她在电影业的闪耀表现，反而影响了日常的人际交往，她不愿为了拍摄电影而离开她的长子肖恩。

在合约到期前，奥黛丽完成了她最后几部电影的拍摄，包括《盲女惊魂记》（Wait Until Dark）和《偷龙转凤》（How to Steal a Million），她于1967年决定隐退，此后几年只是偶尔参加拍摄。

奥黛丽与纪梵希的友谊一直持续到她的电影生涯结束。

作为她的朋友和知己，她非常依赖他，而这位伟大的设计师对她也是同样。

1957年，纪梵希为赫本量身打造了一款独特的香水，命名为"禁忌"（L'Interdit），以此纪念他们的友谊。

当他把香水送给奥黛丽时，她对这种特殊的认可感到非常害羞，禁止他出售。

L'INTERDIT

GIVENCHY

对于赫本的回应，他只是默许了一部分，表示给她一年的专属时间，然后向公众出售。

与此同时，奥黛丽同意成为这款香水的代言人，但她并不接受它作为礼物，而是自己购买。

奥黛丽在戏外也继续穿着纪梵希设计
的服装参加私人活动。

当她嫁给她的第二任丈夫——意大利精
神病学家安德烈·多蒂（Andrea Dotti）时，
她穿着一件纪梵希设计的淡粉色齐膝连衣
裙，搭配芭蕾平底鞋和配套的头巾。他们是
在1968年的一次地中海航行中结识的。

1970年，奥黛丽生下了她的
第二个儿子卢卡（Luca）。

奥黛丽放弃好莱坞电影拍摄的这段时期，正是她演员事业的巅峰时期。

她一生中获得了五项奥斯卡提名，其中，凭借《罗马假日》获得了奥斯卡金像奖最佳女主角奖、三项英国电影学院奖和两项金球奖，她结识的全球著名人物和朋友不胜枚举。

但她想要的，仅是和家人一起过宁静平凡的生活。

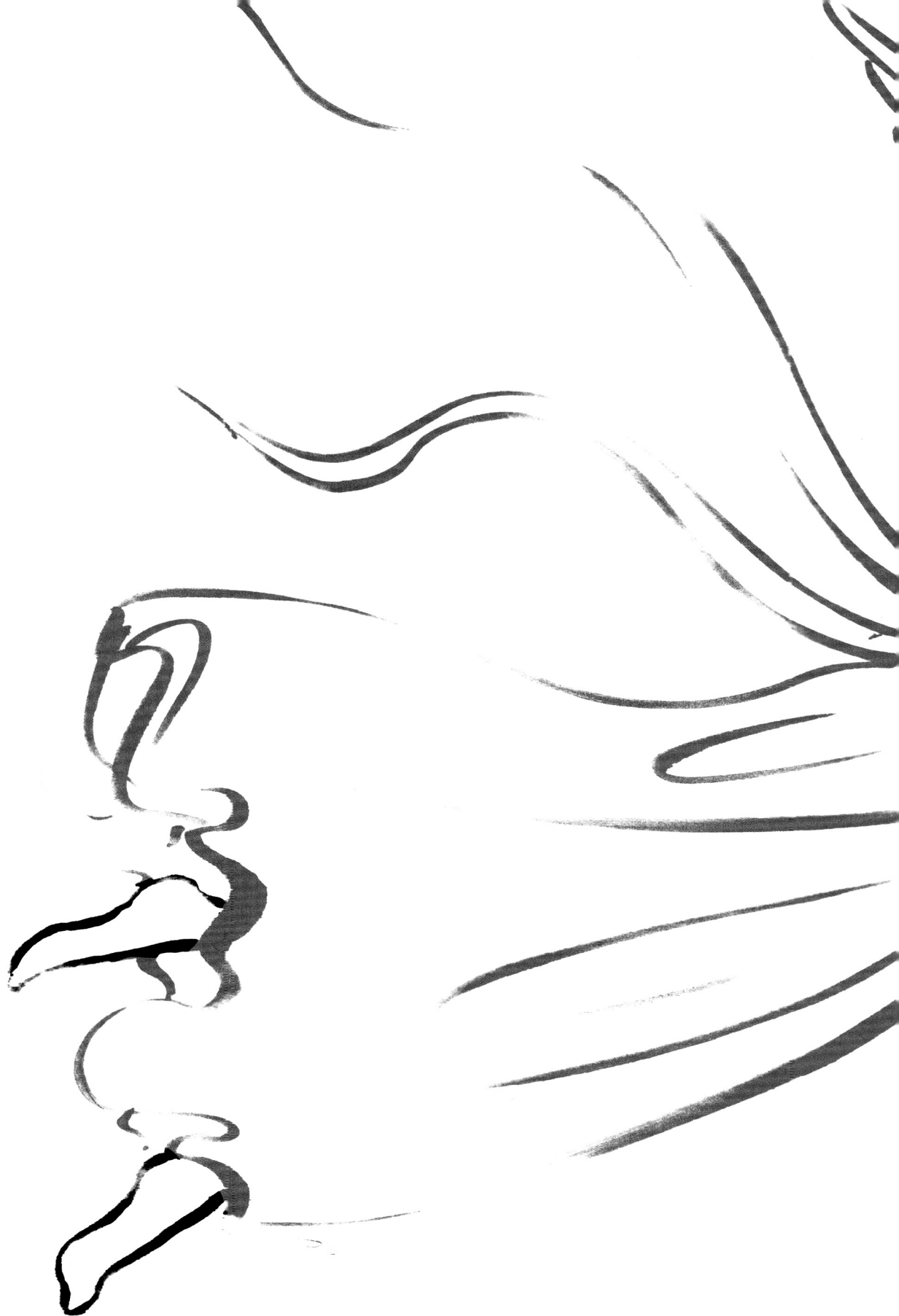

1989年，由史蒂文·斯皮尔伯格（Steven Spielberg）执导的《直到永远》（*Always*）是奥黛丽参演的最后一部电影，但那时她的生活已经被另一个更为重要的角色所占据。

"

女人真正的美丽来自灵魂深处，

TRUE BEAUTY
in a woman is
REFLECTED IN
her soul.
IT'S THE CARING
that she lovingly gives,

并且这份美丽会随着
岁月流逝不断沉淀。

"

THE PASSION
that she shows,
AND THE BEAUTY
of a woman only GROWS WITH
passing years.

3

成就与荣耀

即使离开电影行业，奥黛丽仍以她的独特风格和优雅而闻名，她塑造的一系列令人惊叹的电影经典形象，将被几代人引用和崇拜。

然而，她人生的第三篇章远离繁华的演艺事业和时尚界，她留下了重要的成就与贡献。1988—1993年，她以联合国亲善大使的身份周游世界，并不遗余力地发挥自己的影响力来回报她年轻时受到的帮助，成为世界各地儿童事业的坚定拥护者。她还投身于家庭，定居在瑞士一个小村庄，在18世纪建成的农舍里找到了她一直想要的生活。

直至1993年她去世时，她赢得的奖项不仅包括金球奖和奥斯卡奖，还包括"总统自由勋章"（Presidential Medal of Freedom）和无数其他人道主义奖项。她带给世界的爱与感动不仅限于好莱坞偶像，一个荧幕巨星和一位慈善大使在她身上融为一体，奥黛丽的"贡献"以另一种方式永驻世间。

早在1959年拍摄《修女传》
时，奥黛丽就萌生了超越电影演
绎的想法。

为了准备这个角色，她下足了功夫，专门
去欧洲修道院与修女们同吃同住，模仿、观
察她们的一言一行。她也因此与电影的灵感
来源，也就是修女原型玛丽·路易斯·海贝茨
（Marie-Louise Habets）成了朋友。

她说这是一次使她脱胎换骨
能够深入探索自己的影响重大的
经历。

第二次世界大战后的几年里，少年时期的奥黛丽曾作为志愿者在荷兰的一家医院当护士。她照顾过一位名叫特伦斯·扬（Terence Young）的受伤伞兵，而令人惊讶的是，在奥黛丽职业生涯后期，他们二人分别以导演和女主角的身份重逢在《盲女惊魂记》的拍摄现场。

从某种角度而言，放下工作回归家庭，抚养两个儿子是奥黛丽责任感驱使的。

母亲的身份是她一生中最为看重的事情，她竭尽全力让孩子们远离镜头的耀眼光芒，去过平凡的生活。

一家人在她心爱的城市罗马生活了十年，她的儿子们后来谈起在那里成长的快乐时光，表示他们的母亲享受生活中的点点滴滴，包括做饭、遛狗和送孩子上学。

1964 年，奥黛丽还在瑞士一座宁静的小镇托洛肯纳兹赎买了一套房子。她曾说过，她小时候的梦想之一便是拥有一栋有花园的房子，而非大量的奢侈品。这栋被奥黛丽命名为"和平之邸"（La Paisible）的房子，正是她所找到的梦想家园。

这座 18 世纪的房子由石头堆砌而成，是一栋朴素的建筑，四周有农场、果园和葡萄园，还有一个巨大的蔬菜花园。

"

种下一片绿色，
期盼着明天

"

TO PLANT
a garden
IS TO BELIEVE
in tomorrow.

AUDREY

1980 年，奥黛丽遇到了她的最后一位伴侣罗伯特·沃尔德斯（Robert Wolders），他是一名荷兰籍演员，在荷兰度过了一段战争岁月，那里离阿纳姆只有一小时的路程。

　　他们在毛洛肯纳兹共度的时光是奥黛丽一生中最快乐的时光之一。

当奥黛丽年近60岁时，她准备好了迎接新的挑战。1988年，她便迎来了人生中的重大突破——联合国儿童基金会邀请她成为亲善大使。

由于对阿纳姆的回忆，以及对长期以来将她捐赠的食品和药品，切实地交到孩子们手中的联合国基金会的感激与信任，她决心投入这项事业中。

经历了多年的慢节奏生活后，奥黛丽再次回到了不间断旅行与长时间连续工作的生活节奏，全身心投入任何能利用她的影响力引起公众关注的地方。

她到访的第一站是埃塞俄比亚，那里受干旱和地区冲突影响，发生了严重饥荒。

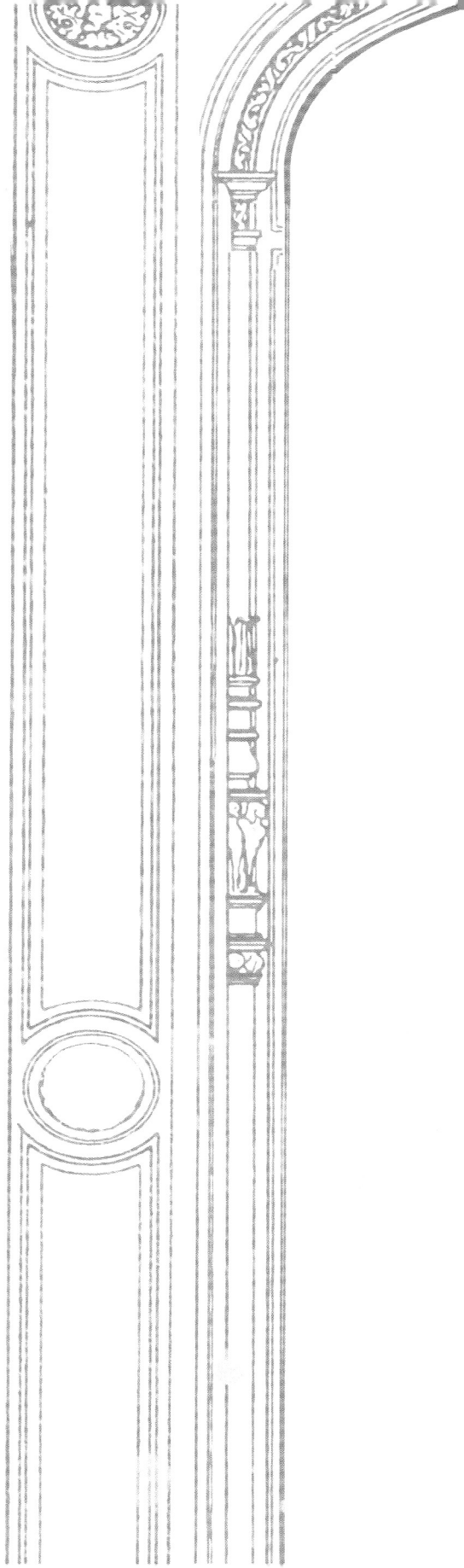

在接下来的几年里，她分别到访了饱受战争之苦的国家、人道主义意识淡薄的地区，以及受洪水、干旱和疾病影响的灾区，深入了解需要帮助的可怜的儿童们。

过去宣传电影的时候，奥黛丽每天只接受三四次采访，但为了联合国儿童基金会，即使她刚结束实地考察归来，也仍愿意在一天内接受十到十五次的预约到访，和大家分享她热爱的这份事业。

unicef

她全身心地投入基金会的工作，不懈
努力，力求使全社会关注儿童福利问题，
她认为这是世界上最庄严的责任之一。

每当有人对她的工作表示钦
佩和赞赏时，她都会谦虚回应，
坚持认为这是一种莫大的荣幸。

有时朋友试图劝说她
工作节奏慢下来，但她从
不肯听。

1992 年，她在前往索马里的旅行中突发胃痛，即使如此，她也态度坚决地拒绝了提前回家的建议。后来有人回忆到，她甚至在旅行前就已经感到不舒服，但仍拒绝了医生打来的要求她进一步进行身体检查的电话，以防对慈善工作产生影响。

回到美国后，奥黛丽去医院进行了检查，最终被诊断出患有结肠癌。

虽然她立即接受了手术和化疗治疗，但病情仍迅速恶化没有好转。

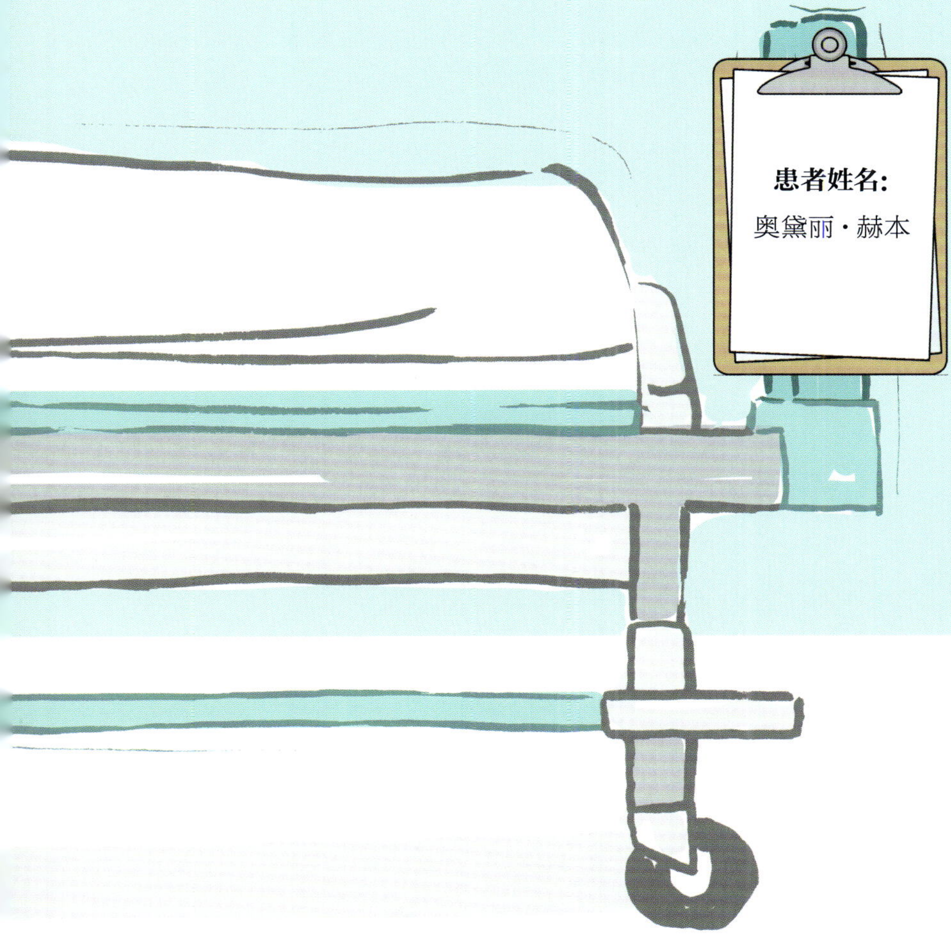

患者姓名：

奥黛丽·赫本

同年12月，奥黛丽由于身体不适，无法出席美国"总统自由勋章"颁奖典礼，这是美国最高的平民荣誉奖项。

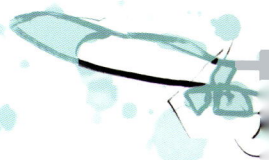

她当时非常渴望回到托洛肯纳兹的"和平之邸"，与家人和朋友一起度过最后一个圣诞节。

当医生告诉她，她病得太重而无法乘坐普通商业航班时，纪梵希为她安排了私人飞机，并在航班上为她布置了鲜花。

"

应该如何总结我的人生呢？我想我是幸运儿。

"

HOW SHALL
I sum up my life?
I THINK I'VE BEEN
particularly lucky.

1993 年 1 月 20 日，奥黛丽在"和平之邸"与世长辞，此时距病情最初被诊断出结肠癌仅过了不到三个月。

作为一位明星、一位母亲、一位朋友和一位慈善家，奥黛丽被全世界怀念。

她的葬礼在托洛肯纳兹举行，村民们夹道为她送行，她被安葬在瑞士日内瓦湖附近的一块静谧普通的村庄墓地，现在这里鲜花漫野。

奥黛丽·赫本

1993.01 20

奥黛丽去世后，也持续因为她的成就而被追授奖章。

　　在确诊生病的前一年，她录制拍摄了一部时长六集的美国公共电视台（PBS）纪录片《世界花园和奥黛丽·赫本》（*Gardens of the World with Audrey Hepburn*），影片于她去世后的第二天播出，她也因此被追授"艾美奖"（Emmy）。此外还有她录制的格莱美（Grammy Awards）获奖作品——儿童诵读专辑《奥黛丽·赫本的魔法童话》（*Audrey Hepburn's Enchanted Tales*），这些作品为她赢得了"美国艺术四大奖项"（EGOT）。

　　她是同时斩获艾美奖、格莱美奖、奥斯卡奖和托尼奖的著名女演员之一。

AUDREY
HEPBURN

奥黛丽在去世后还获得了奥斯卡特
别奖——"吉恩·赫肖尔特人道主义奖"
（Jean Hersholt Humanitarian Award），
这是她荣获的最后一座奥斯卡金像奖，
由她的老朋友格里高利·派克颁发。

　　她的爱心也将由她的孩子
们继续传递。次子卢卡管理着奥
黛丽·赫本儿童基金会，长子肖
恩则是美国奥黛丽·赫本儿童基
金会的名誉主席。

AUDREY
HEPBURN

时至今日，她的作品依然历久弥新。

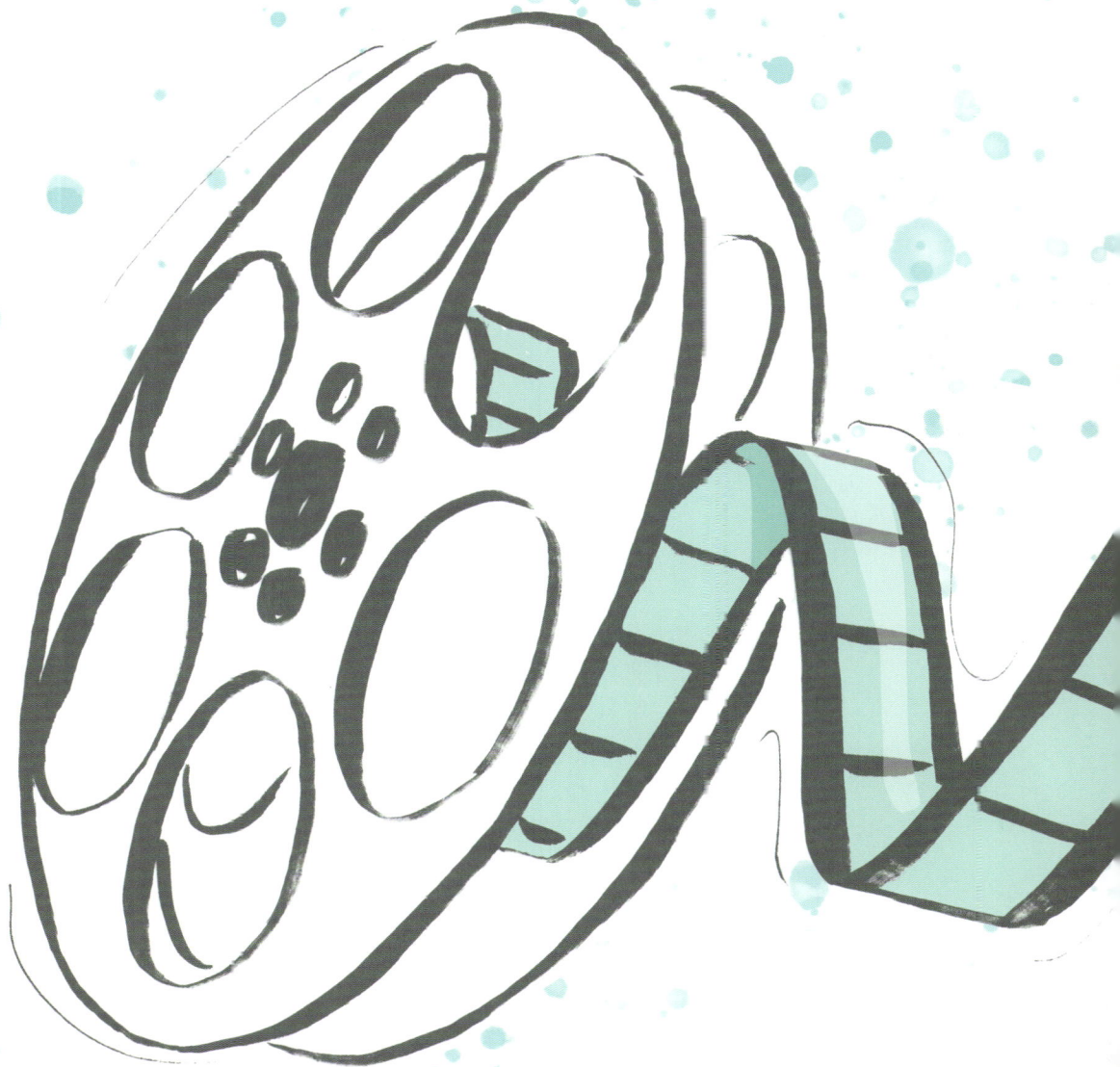

她将不同时代背景下的众多角色全部鲜明诠释，她的形象至今也依旧是同一代好莱坞明星中最为人所熟知的，而她的照片也被展示在世界各地的画廊里。

在奥黛丽的一生中，她始终展现着穿衣搭配的天赋，并以每套都变成时尚经典的穿搭而闻名。

她通过一件简单的 T 恤衫展现了对时尚的别样的定义，她令人惊艳的电影造型被无数人模仿。

塞西尔·比顿曾经这样评论奥黛丽·赫本，"以前没有人长得像她，而现在出现了成千上万的模仿者。"

66

把头发盘成发髻，
戴上大墨镜，
再搭配上黑色连衣裙，
每个女人都能
像我一样。

99

WITH HAIR
tied in a bun,
BIG SUNGLASSES
and black dress,
EVERY WOMAN
can look like me.

她在时尚领域留下的经典也永远与纪梵希相连，奥黛丽将他视为自己生命中的"挚友"。

纪梵希在她人生中的最后一个圣诞节前去拜访，两人在她心爱的庭院中最后一次散步。当他准备离开时，奥黛丽送给了他一件海军蓝绗缝大衣。

"当你穿上它的时候，就能想到我"，她对他说道。

即使在几十年后，这段回忆也会让设计师潸然泪下，"从日内瓦回到巴黎的路上，我都穿着她给我的大衣哭泣"，他回忆道。

2014 年，纪梵希亲自策划了一场回顾展览——"给奥黛丽的爱"，展出了他们合作的众多作品，向时尚界最伟大的柏拉图式浪漫致敬。

在纪梵希和奥黛丽开始合作之前，不曾有任何好莱坞演员与设计师有如此亲密的合作关系。

他们开创了特别的合作模式。

纪梵希后来谈到奥黛丽时说，"她是一位迷人的女子，激发了人们爱与美的灵感，而仙女永远不会完全消失"。

1963

VOGUE

AUDREY HEPBURN
CHEZ GIVENCHY
VOS ROBES VACANCES
VOS VOYAGES
BARBADES
MAROC
TUNISIE
ALLEMAGDE
HOLLANDE
JAPON
SIAM
HONGKONG
PARIS:
SES SNOBS
PAR DANINOS
MAI 1963 - GF

作为一个成长在饱受战争残酷的阿纳姆的小女孩，奥黛丽永远无法想象未来的人生会把她带到哪里，但这个世界会永远感激她与这么多人分享她的人生旅程。

用她自己的话来说："生活就像匆匆在博物馆绕一圈，要过一阵你才会真正开始吸收你的所见，然后思考它们，看书了解它们，再记忆它们——因为毕竟我们无法一下子把它全部消化。"

> "

若要拥有可爱的双眸，要在别人身上去发现美好；若要拥有美丽的双唇，

FOR BEAUTIFUL EYES,
look for the good
IN OTHERS;
FOR BEAUTIFUL LIPS,
speak only words
OF KINDNESS;

要讲友善的话。
保持风度，
与知识同行，
你永远不会孤单。

"

AND FOR POISE,
walk with the
KNOWLEDGE
THAT YOU
are never
ALONE.

AUDREY HEPBURN   GEORGE PEPPARD

Breakfast at
TIFFANY'S

致 谢

感谢艾米丽·哈特（Emily Hart）和阿文·萨默斯（Arwen Summers）与我一同走进奥黛丽的世界，和我一起共同创作了一本如此精美的书。

感谢玛蒂娜·格拉诺利奇（Martina Granolic），感谢你先深入了解了奥黛丽的生活，并精心地将她生命中一个又一个旅程片段整合拼接在一起。我们为她标志性的时尚所倾倒，也为她在慈善事业的努力奋斗所深深感动，留下敬佩的泪水。

感谢安德莉亚·戴维森（Andrea Davison）如此出色的研究和精心制作，再现了奥黛丽不平凡的生活。和往常一样，你发现了许多引人入胜的细节，让她的故事变得如此有深度。

感谢默里·巴顿（Murray Batten），这是我们在一起创作的第九本书! 感谢你为奥黛丽的故事设计了如此美丽优雅的画面。每一页都那么尽善尽美。

感谢托德·雷奇纳（Todd Rechner），感谢你在我的书完成的过程中，给予了我无与伦比的关怀和支持。你让每一本书都成为值得珍藏、阅读和永久保存的珍贵之物。非常感谢。

感谢贾斯汀·克莱（Justine Clay）第一个赏识我的作品并让我在这条路上坚定前行，我永远感激能够遇到你。

感谢我的丈夫克雷格（Craig）和我的孩子格温（Gwyn）、威尔（Will），感谢你们允许我将对奥黛丽的着迷融入我们的生活。但我无法保证之后不会再看《蒂芙尼的早餐》!

关于作者

梅根·赫斯命中注定要成为一名优秀的插画师。她从最初的平面设计师逐渐发展为艺术指导，曾为世界知名的几家广告公司和利伯提公司提供过帮助。2008年，梅根为坎迪斯·布什内尔最畅销的书籍《欲望都市》绘制插图。这使梅根登上了世界舞台，她开始为《纽约时报》(*The New York Times*)、意大利版 *Vogue*、《名利场》(*Vanity Fair*) 和《时代周刊》等杂志绘制肖像画，大家都用"一见钟情"来形容对梅根作品的感受。

如今，梅根是世界上最受欢迎的时装插画家之一，其客户包括纪梵希、蒂芙尼公司 (Tiffany & Co)、华伦天奴 (Valentino)、路易威登 (Louis Vuitton) 和《时尚芭莎》杂志。梅根的标志性设计风格已被用于芬迪 (Fendi)、普拉达 (Prada)、卡地亚 (Cartier)、迪奥和菲拉格慕 (Salvatore Ferragamo) 的全球宣传活动中。她曾为时装秀做过现场插图，如米兰时装周的芬迪、2019年戛纳电影节的萧邦 (Chopard)、维果罗夫 (Viktor & Rolf) 和克里斯汀·迪奥高定时装秀。

梅根为纽约的波多夫·古德曼百货公司设计了一个标志性的造型，为伦敦哈罗德百货公司设计定制了一个手包系列。她为米歇尔·奥巴马 (Michelle Obama) 画了一系列肖像画，也为格温妮丝·帕特洛 (Gwyneth Paltrow)、凯特·布兰切特 (Cate Blanchett) 和妮可·基德曼 (Nicole Kidman) 画了肖像画。除此之外，她还是著名的欧特家酒店 (Oetker Hotel) 系列的全球常驻艺术家。

梅根用定制的万宝龙钢笔来绘制她所有的作品，她亲切地称其为"蒙蒂"。

梅根共创作了九本畅销时尚书，以及她最喜爱的儿童系列丛书《克拉丽斯——时尚老鼠追梦记》(*Claris the Chicest Mouse in Paris*)。

如果她不在工作室，你可能会发现她正在第一百次看《蒂芙尼的早餐》，梦想着羊角面包和纪梵希时装。
———
想了解更多关于梅根的事情，请访问其个人主页。

内 容 提 要

　　本书是澳大利亚籍国际时尚艺术家梅根·赫斯（Megan Hess）以英国女演员奥黛丽·赫本（Audrey Hepburn）生平为蓝本，围绕其成长背景、职业生涯和成就与荣耀三个部分创作的一部时尚插画作品。梅根·赫斯是极具才华的国际时装画家之一，与世界各地一些负有盛名的时装设计师和奢侈品牌合作。其插画作品具有标志性的个人风格，饱含其对时尚的热爱，呈现独特的艺术品质。

　　本书不仅适合用于高校艺术类专业、时尚设计与绘画课程的临摹样本，也适合广大时尚插画学习者及文化研究者阅读并收藏。

原文书名：Audrey Hepburn: The Illustrated World of a Style Icon
原作者名：Megan Hess
Copyright text and illustrations © Megan Hess PTY LTD 2022
Copyright design © Hardie Grant Publishing 2022
First published in the United Kingdom by Hardie Grant Books in 2022.
本书中文简体版经Hardie Grant Books授权，由中国纺织出版社有限公司独家出版发行。本书内容未经出版者书面许可，不得以任何方式或任何手段复制、转载或刊登。

著作权合同登记号：图字：01-2023-5977

图书在版编目（CIP）数据

　　奥黛丽·赫本：爱与优雅的手绘世界 /（澳）梅根·赫斯（Megan Hess）著；赵亚杰，邓丽元译 . -- 北京：中国纺织出版社有限公司，2024.3
　　（国际时尚设计丛书．服装）
　　书名原文：Audrey Hepburn: The Illustrated World of a Style Icon
　　ISBN 978-7-5229-1286-8

　　Ⅰ.①奥…　Ⅱ.①梅…②赵…③邓…　Ⅲ.①时装－绘画－作品集－澳大利亚－现代　Ⅳ.① TS941.28

　　中国国家版本馆 CIP 数据核字（2023）第 253554 号

责任编辑：宗　静　张艺伟　　责任校对：高　涵
责任印制：王艳丽

中国纺织出版社有限公司出版发行
地址：北京市朝阳区百子湾东里 A407 号楼　邮政编码：100124
销售电话：010—67004422　传真：010—87155801
http://www.c-textilep.com
中国纺织出版社天猫旗舰店
官方微博 http://weibo.com/2119887771
北京华联印刷有限公司印刷　各地新华书店经销
2024 年 3 月第 1 版第 1 次印刷
开本：787×1092　1/16　印张：12
字数：100 千字　定价：198.00 元

梅根·赫斯的其他作品

——————

Fashion House
The Dress
Paris: Through a Fashion Eye
New York: Through a Fashion Eye
Iconic: The Masters of Italian Fashion
Elegance: The Beauty of French Fashion
The Illustrated World of Couture
Coco Chanel : The Illustrated World of a Fashion Icon
Christian Dior : The Illustrated World of a Fashion
Master
The Little Black Dress

《克拉丽斯——时尚老鼠追梦记》儿童系列丛书